AF357216

TRAITÉ
DU CASSIS,

CONTENANT SES VERTUS

& Qualités, sa Culture, sa Composition, son Usage, & les Effets merveilleux qu'il produit, dans une infinité de Maladies & de Maux, tant pour les Hommes que pour les Animaux.

Les vertus & propriétés de l'Eau de Gaudron, & la maniere de la faire, & autres Remedes très-utiles au Public.

A NANCY,

AVEC PERMISSION.

Et se vend à PARIS,

Chez PRAULT pere, Quay de Gêvres, au Paradis. 1749.

Chez lequel on vend aussi les Secrets utiles & éprouvés dans la Pratique de la Médecine & de la Chirurgie, pour conserver la santé & prolonger la vie; avec un Appendix pour les Maladies des Chevaux.

PERMISSION.

Vû, permis d'imprimer, à Nancy; le vingt-cinq Juin mil sept cent quarante-sept.

Signé, HANUS.

C.

TRAITÉ DU CASSIS,

CONTENANT SES VERTUS

& qualités, sa Culture, sa Composi-
tion, son Usage, & les Effets merveil-
leux qu'il produit dans une infinité de
Maladies & de Maux, tant pour les
Hommes que pour les Animaux.

LE Cassis est un Arbrisseau qui produit
des Grapes comme les Groseilliers, mais
qui sont noirs; & pour cet effet, on le
nomme Groseillier noir; ses Fruits sont mûrs
trois semaines ou un mois après la Saint Jean-
Baptiste; ses feüilles sont presque de la même
façon, mais cependant un peu plus grandes,
& son bois un peu plus clair, & toujours char-
gé de petits boutons verds en tout temps,
mais qui paroissent mieux en Hyver quand ses
feüilles sont tombées.

Cet Arbrisseau est très-facile à faire venir,
il prend de boutures en plantant une branche sans racines; il aime les terres légeres, &
ne se plaît point dans les terres grasses, ni dans
le fumier, & il lui faut du Soleil. Quand on
le plante, il ne faut point lui couper la tête
comme aux autres Arbres; il n'y a personne

qui ayant des Jardins, n'en doivent planter un
grand nombre pour les besoins de sa famille
& de ceux qui pourroient en avoir besoin ;
Messieurs les Curés pour en assister leurs Pa-
roissiens ; les Communautés tant pour eux que
pour les Pauvres ; les Hôpitaux pour les Malades ; les Rois & les Princes pour la conser-
vation de leurs Soldats & de leurs Sujets, &
sur-tout sur la Mer dans les Vaisseaux, où tant
d'Hommes sur l'Equipage périssent de diffe-
rentes maladies, de Peste, de mal de Bois,
du mal des Isles & de Scorbut. On va chercher bien loin des remedes bien chers & qui
ne font point d'aussi bons effets, & en si grand
nombre que le Cassis ; il ne faut point tant
de saignées ni tant de purgations ; ce qui pa-
roît presque incroyable, c'est qu'il y a peu de
maladies qu'il ne guérisse en peu de temps,
presque sans dépense ; & ce qu'il y a de conso-
lant, c'est que s'il n'a point son effet, il ne
fait jamais le moindre mal : de cent personnes
qui en useront, il y en aura au moins 92 ou
95 qui le ressentiront. Si on veut s'en servir pour
quelque playe que ce soit, son effet est plus
prompt & plus sûr que celui du Beaume du
Perou. On en a même donné à des Chevaux
très-malades, qui en ont été guéris en très-
peu de temps ; l'expérience qu'on en fera, sera
la preuve la plus forte qu'on en puisse donner.

PROPRIETE'S DU CASSIS.

On ne prétend point ici interrrompre le
cours de la Médecine, encore moins improu-
ver les Remedes qu'elle nous fournit pour la
guérison d'une infinité de maux ausquels nous
sommes sujets durant cette vie. On n'ignore

pas l'eſtime qu'il faut faire de cet Art, ni l'honneur qui eſt dû à ceux qui l'exercent, & que Dieu veut que nous leur rendions, à cauſe du beſoin que nous en pouvons avoir.

On a ſeulement deſſein d'expoſer dans ce Traité, les propriétés admirables du Caſſis, juſqu'à préſent pour ainſi dire inconnu, qui a la vertu de guérir pluſieurs ſortes de maux, ſi on ſçait en uſer comme il faut, ſans que ſon uſage puiſſe jamais faire de mal à ceux qui s'en ſervent, ni que l'on ſente aucun dégoût ni amertume en le prenant par infuſion, comme on en ſent dans les autres remedes, ce qui ſemble être d'autant plus ſalutaire qu'il eſt naturel ; car on ne doit pas douter que toutes nos maladies ne viennent du péché, & que tout ce qui les guérit ne vienne de Dieu ; c'eſt lui qui donna autrefois au bois la vertu d'adoucir l'eau qui étoit amere, & qui a donné auſſi aux Plantes des vertus ſecrettes pour guérir les playes & les maladies du corps, qui les a fait connoître aux hommes, & qui donne encore aujourd'hui aux Médecins la ſcience qui leur eſt néceſſaire, pour y appliquer des remedes convenables, afin qu'ils les diverſifient ſuivant la diverſité des maladies : Mais comme tout le monde n'eſt pas en état d'avoir recours aux Médecins, & n'a pas le moyen de payer les drogues & les remedes dont on a beſoin, ſur-tout les pauvres gens de la Campagne qui ſont dans la derniere néceſſité ; on a crû qu'ils ſeroient bien aiſe de profiter du remede qu'on leur enſeigne par un eſprit de charité, & d'avoir moyen de ſe guérir eux mêmes, ſans qu'il leur en coûte que quelques feüilles de Caſſis qui eſt déja aſſez commun, pour pouvoir s'en procurer des ſecours, &

dont voici la vertu expliquée avec l'ufage qu'on en doit faire : on y joint un remede fouverain contre la Pleurefie ou fauffe Pleurefie, pour ceux qui fe trouveront attaqués de ce mal, avec un autre remede pour les Panaris, le tout ex-périmenté.

Propriétés admirables du Caffis, & la maniere de s'en fervir.

De tous les Antidotes ou Contre-poifons que les Médecins ont connus jufqu'à préfent, l'expérience fait voir que le Caffis eft le plus prompt & le plus efficace en fes opérations contre toute forte de venin. Il eft excellent contre la morfure des Viperes, Serpens, Af-pics, Scorpions & Chiens enragés, contre le poifon des mauvais Potirons, même des Oran-ges foufflées par le Crapaud qui fe plaît fort fur ces fortes de Potirons, & de tous les fruits infectés par le fouffle du Crapaud. C'eft un re-mede preffent pour guérir les piqueures des Moucherons, Abeilles, Guefpes & Frêlons, contre le venin des Arraignées, & univerfel-lement contre toutes fortes de Poifons, comme nous le dirons ci-après.

L'expérience nous apprend qu'il n'eft pas moins utile aux Bêtes qu'aux Hommes : mais il faut augmenter la dofe à proportion de leur grandeur : il a guéri des Bœufs abandon-nés & laiffés comme morts, des Brebis, des Chevaux, des Coqs d'Inde & des Oifons qui étoient empoifonnés par accident, ou avoient quelqu'autre maladie.

C'eft un remede infaillible pour toutes les Fiévres pourprées, pour la Pefte même, pour la Picotte ou petite Vérolle : il chaffe les Vers,

tant des petits enfans que des grandes perſonnes, en le prenant en poudre comme le Caffé
ou comme le Thé, après lui avoir fait faire un
boüillon dans l'eau.

On s'en eſt ſervi utilement & avec ſuccès
pour guérir les Fiévres tierces, doubles tierces, quartes & même continuës en le prenant
comme ci-deſſus. Pluſieurs ont été guéris de
toutes les Fiévres, ſans autre remede que de
prendre au commencement du froid une bonne
doſe de Caſſis, ſoit en ſyrop ou en conſerve,
ou en infuſion, en pillant deux poignées de ſes
feüilles dans un mortier, y ajoûtant deſſus un
bon verre de vin blanc ou rouge, pour en tirer le ſuc, preſſant enſuite le tout dans un linge, où on le coule pour en avaler l'infuſion.

C'eſt le remede pour reveiller un Apoplec-
tique le plus prompt & le plus efficace; il eſt
encore ſouverain contre le ſommeil létargi-
que, & fort expérimenté dans les aſſoupiſſe-
mens qui précedent les vapeurs des Femmes. Il
donne le mouvement & le ſentiment à quelque
partie du corps, qui l'auroit depuis peu per-
duë par l'abondance de quelque humeur froide, comme celle de la Goutte, en appliquant
les feüilles fraîches ou ſeches trempées dans un
peu de vin blanc ſur les parties engourdies. Il
ne faut les appliquer que deux où trois jours
après en avoir ſenti les premieres atteintes de
peur de l'irriter.

Le Caſſis eſt une plante également céphali-
que & cordiale tenu dans le nez: il purge le
cerveau, le réjouit & le fortifie, empêche qu'on
ne s'enrhume, & préſervera du venin qui ſe
communique par contagion: il guérit la mi-
graine, & eſt fort bon pour toutes les douleurs
de tête, en appliquant les feüilles ſur la tête.

C'eſt un remede prompt pour guérir l'Eréſi-
pele, ſi on continue à uſer du Caſſis, juſqu'à
ce que la matiere qui la cauſe ſoit fixée; l'E-
réſipele ſe guérit ſans ſaignée, ce qu'il faut
bien éviter, auſſi bien que les ventouſes &
l'onguent roſat : mais il ſuffit de ſe ſervir de
bonne eau-de-vie ou de l'eſprit de vin, dont
on trempera les bandes & le mal, les remouil-
lant toujours à meſure qu'elles ſont ſeches,
auſſi-bien que les feüilles qu'on met deſſus,
& les réappliquant incontinent, & continuant
ainſi juſqu'à l'entiere guériſon qui ſera prom-
pte, ſans qu'il ſe forme aucune galle.

Le Caſſis guérira les coupures d'inſtrumens,
ferremens & autres, quoique très-profon-
des. Il eſt ſouverain pour fortifier l'eſtomac,
il en fait ceſſer la douleur, & donne grand ap-
pétit, de quelque façon qu'on le prenne pendant quelques jours; il eſt ſpécifique pour guérir la jauniſſe, les pâles couleurs & les incom-
modités qu'elle cauſe; il déſopile la Rate &
le Foye, & empêche que l'opilation n'ait des
ſuites fâcheuſes; il guérit les enflures du viſa-
ge, de l'eſtomac & de l'hydropiſie, ſi on s'en
ſert de bonne heure en le prenant en ſyrop ou
en conſerve, ou en buvant du vin blanc, ou
l'eau chaude dans laquelle les feüilles ont bouilli;
il a une vertu particuliere de guérir du Sable &
de la Gravelle, & même fait rendre des pier-
res, ce qui a été expérimenté.

Le Caſſis eſt encore un excellent préſervatif
pour guérir le venin le prenant par le nez, lorſqu'on eſt obligé d'aller dans des maiſons infec-
tées, ou de s'approcher de quelque Malade
couvert de venin. Il tempere auſſi les fougues
de la Bille, & guérit la Colique qu'elle cauſe;
il fortifie le cœur, le réjouit, & par ce moyen

il abat les vapeurs fâcheuſes de la mélancolie, de quelque maniere qu'on le prenne, ou par infuſion ou en bolus : enfin on peut à coup ſûr, dans toutes les maladies, commencer le remede par le Caſſis, il ne fera jamais de mal à perſonne, & on a ſujet d'eſpérer qu'après tant d'expériences, il fera du bien à tous.

Lorſque quelqu'un ſe ſent piqué de quelque bête venimeuſe, ou mordu de chiens enragés, ſi on a des feüilles de Caſſis, il en faut auſſi-tôt piller deux bonnes poignées, & en exprimer le ſuc dans du vin blanc, & le faire prendre au Malade ; il faut enſuite ſcarifier la playe pour en faire ſortir du ſang, y mettre la moitié d'un petit pain chaud pour attirer le venin, & prendre garde qu'aucun animal ne le mange, & y appliquer le ſuc avec le marc des feüilles exprimées. Aſſez ſouvent il n'en faut faire qu'une priſe, mais il faut obſerver le Malade ; & ſi le combat eſt trop grand entre le remede & le venin, il faut doubler la doſe ; ſi l'on n'a point de feüilles fraîches, mais ſeulement des ſeches, il faut les pulvériſer promptement, & en faire prendre une bonne priſe au Malade avec du vin blanc, ou autre potion cordiale.

Pour les bleſſures ou piqueures venimeuſes de Moucherons, Frêlons, Gueſpes ou Abeilles, il faut faire infuſer tant ſoit peu quelque feüilles ſeches de Caſſis dans du vin blanc, & après avoir fait ſaigner la playe, appliquer deſſus les feüilles.

On fera la même choſe avec les boutons & l'écorce de Caſſis pillée, & miſe dans du vin blanc, & le donner au Malade ; ſi on n'a ni feüilles, ni boutons, ni écorſe de Caſſis, le Syrop de Caſſis, quelque venin qu'on ait dans

le corps, le tirera, pourvû qu'on en donne
une ou deux bonnes cueillerées au Malade.
La conſerve de Caſſis donnée de la groſſeur
d'une noix ou de deux, ou des tablettes en
même quantité, ne ſeront pas moins effi-
caces.

Le Caſſis ſert encore pour guérir les Panaris, ou les tumeurs qui viennent à l'extrémité
des doigts cauſées par une humeur maligne,
en exprimant les feüilles deſſus avec le marc,
& enveloppant bien le bout des doigts couvert
de ces feüilles.

On peut uſer diverſement du Caſſis ſelon la
diverſité des ſaiſons; mais de quelque maniere
qu'on le prenne, il produit toujours ſon effet
plus ou moins efficacement, depuis qu'il a
commencé de pouſſer au Printemps, juſqu'à
ce que la feüille tombe en Automne. Il faut
néanmoins ſe ſervir, autant qu'on le peut, de
ces feüilles fraîches, qui ont beaucoup plus
de vertu que lorſqu'elles ſont ſeches.

La façon la plus commune de s'en ſervir
pour les maux qui ne preſſent pas, c'eſt de les
mettre infuſer avec d'excellent vin blanc ou
rouge pendant vingt-quatre heures, dans une
bouteille de verre qui ait le col large, afin
qu'on puiſſe plus aiſément en retirer les feüilles. On met deux poignées de ces feüilles, on
ſcelle bien la bouteille, afin qu'elle ne s'é-
vente point; il faut en boire une ou deux fois
le jour, & davantage s'il eſt néceſſaire, quatre ou cinq doigts dans un verre, & remettre
auſſi tôt du vin à proportion dans la bouteillle,
enſorte que le vin ſurnage toujours au-deſſus
des feüilles, autrement il aigriroit. Les mêmes feüilles peuvent ſervir quinze jours, ſi
on les tient dans un lieu frais, & qu'on ne les
laiſſe pas éventer.

Ceux qui ont de l'averfion pour le vin, peuvent prendre le Caffis avec de l'eau, dans laquelle on fera boüillir les feüilles, comme on fait boüillir le Caffé; fi ces feüilles font feches, on fera l'infufion plus forte; fi elles font en poudre, il faudra prendre l'eau avec la poudre après que l'un & l'autre auront boüilli enfemble; mais en ce cas on en prendra moins pour la dofe; on peut en prendre un verre le matin, un autre le foir avant le fouper, & plus fouvent fi le mal preffe.

Pendant que les feüilles font fraîches, on peut faire un Syrop merveilleux qui fe garde long-temps, pourvû qu'il foit bien fait. La maniere de le faire fera décrite ci-après; on peut auffi faire du fuc dès feüilles fraîches d'excellentes Tablettes. Ces feüilles fechées à l'ombre dans un lieu fec, & mifes en poudre, fervent encore à faire d'excellentes Conferves en roche, qui fe gardent fort long-temps dans un lieu fec, fans perdre aucunement leur vertu, comme on le dira.

Pour cet effet, aux mois d'Août & de Septembre, & au Printemps qui font les faifons où le Caffis pouffe avec plus de vigueur fes feüilles, il en faut faire une bonne provifion, & les faire fecher à l'ombre en les mettant fur une claye, ou fur une table dans un lieu fec, pour s'en fervir dans le befoin, avec le fecours de l'art qui leur donne prefque la même vigueur qu'elles auroient dans leur fraîcheur; quand on manque de Caffis dans toutes ces faifons, il faut recourir à la Plante, les boutons qu'on trouve aux branches en tout temps, & l'écorce même pillée & arrofée de vin blanc pour en extraire facilement le fuc, feront le même effet que les feüilles; fi l'on n'a pas du vin blanc, on peut se servir de vin rouge pour le faire infuser ; il est même meilleur que le vin blanc pour les maux de cœur & d'estomac, au lieu que le vin blanc est meilleur pour faire vuider le sable & la gravelle, parce qu'il est plus appéritif.

Maniere pour faire le Syrop de Cassis.

Il faut avoir un grand Cocquemard avec son couvercle, le remplir de feüilles de Cassis, & le bien presser avec la main, ne laissant que quatre doigts de vuide en haut du Cocquemard ; mettre sur ces feüilles le meilleur vin blanc qu'on pourra trouver ; le laisser surnager de deux doigts sur les feüilles, ensuite mettre le couvercle & du papier qui le ferme si bien, qu'il ne puisse prendre l'air en aucune façon, le tenir dans un lieu frais pendant huit ou neuf jours pour le faire macérer ou fermenter. Il est nécessaire de le visiter chaque jour pour y ajouter du vin, afin que les feüilles ne demeurent jamais découvertes & ne se moisissent pas ; après qu'il sera bien macéré, il faut mettre à la presse le vin & les feüilles : quelques-uns le repasse plusieurs fois sur le marc pour en tirer toute la teinture ; d'autres font bouillir un peu le vin blanc avec les feüilles avant de les mettre à la presse : sur une livre de la liqueur, on peut mettre une livre & demie ou deux livres de sucre, & faire bien cuire le tout pour le conserver long-temps : on en a vû de trois années aussi bon que les premiers jours : si on n'a point de vin blanc, on peut faire ce Syrop comme les autres avec de l'eau toute pure.

Maniere de faire la conserve de Cassis en roche.

Il faut, dans la saison que les feüilles de

Cassis ont le plus de vigueur, qui est dans les mois d'Août & de Septembre, en faire sécher à l'ombre une bonne quantité de la maniere que je l'ai déja dit ci-devant, & pour faire la conserve, il ne faut en mettre en poudre que ce qu'on veut actuellement employer, parce que les feüilles entieres conservent mieux l'esprit & la qualité que la poudre : il faut ensuite faire cuire le sucre jusqu'à ce qu'étant froid, il durcisse en roche : pour lors il faut le tirer du feu, & étant encore bouillant, mettre sur une demie livre de sucre un sixiéme, ou un peu plus de poudre, & lés bien mêler ensemble avec une spatulle ou cuilliere d'argent, jusqu'à ce qu'il soit presque froid, & puis les retirer, donnant à la conserve telle figure qu'on veut pour la garder dans un lieu sec ; elle se conservera ainsi plusieurs années sans rien perdre de sa vertu.

Remede expérimenté contre le Nodus ou les Nœuds de la Goutte.

Prenez une bonne poignée de feüilles de Cassis, autant de Laurier commun, de la Sauge & du Romarin de même ; mettez le tout dans un pot de terre bien vernisé, & remplissez-le de vin blanc ; mettez les ensuite sur des cendres chaudes pour les faire infuser sans les faire bouillir, comme on fait infuser le Scné ou la Rhubarbe ; après vingt-quatre heures d'infusion, servez-vous de cette liqueur en frottant bien les mains l'une contre l'autre, sur-tout aux endroits où sont les Nœuds, & réiterez d'heure en heure, le plus fréquemment est le meilleur ; il faut que cette liqueur soit chaude quand vous vous en layez, ce qu'on peut se procurer aifément, en tenant toujours le pot près du feu, & prenant garde qu'il foit bien couvert, & qu'il ne bouille pas: cela diffipera peu à peu les Nœuds, & rendra le mouvement à vos doigts, fi vous ne vous rebutez pas d'en faire ufage.

Celui qui a inventé le fecret, s'en eft fervi fi utilement pendant quatre ou cinq mois, que les Nœuds qu'il avoit à deux doigts de chaque main, dont il ne pouvoit faire aucun mouvement, fe font diffipés, enforte qu'il a les mains comme il les avoit avant que d'avoir la Goutte; fes pieds même qu'il prend foin de frotter de cette liqueur chacun un bon demi quart-d'heure le foir avant que de fe coucher, & de les enveloper d'un chauffon & d'un linge par-deffus, fe font dégagés: en fe levant il les frotte de même, & il les a beaucoup plus libres. Il a expérimenté que plus les herbes infufent, plus le remede eft efficace; enforte qu'il a laiffé les mêmes herbes un mois tout entier dans le pot fans les changer, mettant feulement de nouveau vin à mefure qu'il diminuoit; & même quand il a renouvellé les herbes, il a remis le vin des anciennes fur les nouvelles. A la vérité l'odeur eft un peu forte; mais il s'en eft beaucoup mieux trouvé, & n'a prefque pas reffenti les atteintes de la Goutte.

Maniere de faire le Caffis en liqueur.

La liqueur du Caffis eft la plus facile à faire; quand on a des grains ou fruits, on en remplit la moitié d'une bouteille. Si par exemple c'eft une bouteille de table, on mettra deffus le fruit prefque une demie livre, ou au moins un quarteron de fucre concaffé, & puis on la remplira de forte eau-de-vie, que l'on ferrera dans une

armoire pour la laisser infuser ; si on veut l'ex-
poser au soleil , cela la presse davantage , & de
temps en temps on la remuë. Quand on a re-
tiré la liqueur qui est d'un très - beau rouge
foncé , & qu'on l'a mise dans une autre bouteille pour s'en servir , après avoir resté cinq
ou six semaines sur les grains ou fruits , ou
même moins , on remet dessus d'autre sucre &
d'autre eau-de-vie comme la premiere fois. Si
on en met dans de grandes bouteilles , il aura
plus de force : on en peut faire telle provision
qu'on voudra , à proportion du nombre des
bouteilles qu'on pourra faire , selon la quantité des fruits que l'on aura.

Autre maniere de faire le Ratafia de Cassis , qui
est le plus agréable , & qui échauffe moins.

Mettez dans une bouteille moitié fruit , &
la remplissez d'eau-de-vie , & l'exposerez pendant six semaines.

Sur deux pintes de Ratafia , faites bouillir
dans une pinte d'eau trois quarterons de sucre
en consistance de Syrop , & le laisser refroidir ,
& le bien mêler avec les deux premieres pintes
de Ratafia.

Tout ce que l'on peut dire du Cassis , c'est
qu'il est un très-excellent Elixir de vie qui en-
tretient la santé , & qui fait que les personnes
âgées paroissent plus jeunes qu'elles ne sont.

» JE croirois , Monsieur , manquer à la re-
» connoissance que je vous dois , si je différois
» plus long temps à vous donner avis de l'effet
» merveilleux , & du soulagement inexprimable
» que m'ont procuré les feuilles de Cassis , dont
» vous avez annoncé au Public les excellentes

» vertus & propriétés. La lecture que je fais or-
» dinairement de tous vos Journaux que je fais
» relier, & que je conserve avec soin, m'a rap-
» pellée l'idée de ce que j'y avois vû dans les
» mois d'Avril, Septembre & Octobre 1743, de
» sorte qu'après avoir souffert pendant deux jours
» & deux nuits une douleur excessive de Goutte
» à la fin de Janvier dernier, & qui se renou-
» velle depuis plus de dix-huit ans dans la même
» saison, bien souvent deux fois l'année, j'ai
» eu recours aux feüilles de Cassis, dont j'avois
» fait une bonne provision l'Eté dernier, les-
» quelles je fais infuser dans l'eau de riviere que
» je bois régulierement matin & soir comme du
» Thé. J'ai donc fait usage, dans l'excès de ma
» douleur, du marc arrosé avec un peu d'huile
» d'olive, & ensuite appliqué sur la partie affli-
» gée, ce qui a tellement fait transpirer l'endroit
» du pied où je sentois la plus vive douleur, que
» j'ai été non - seulement soulagé deux heures
» après, mais en état de marcher dans la cham-
» bre le lendemain, sans aucune douleur ni res-
» sentiment jusqu'à présent. Il est inutile de
» vous citer d'autres expériences que j'ai faites
» du fruit en Ratafia, qui a procuré la guérison
» de la Colique & de la Fiévre à plusieurs per-
» sonnes, & autres épreuves qui se trouvent
» conformes à ce que vous avez annoncé
» au Public, pour l'utilité duquel vous trou-
» verez bon que je m'intéresse, en vous faisant
» part de ce qui est à ma connoissance, &c.
» *Signé*, TEZENAS, Négociant à Troyes,
» ce 23 Mars 1745.

Mr. Martin, Curé de la Paroisse de Saint
Gratien près Saint Denis en France, au mois
d'Octobre 1734, ayant été attaqué d'une Fié-

vre tierce ou quarte, connoiffant les propriétés du Caffis, il en fit ufage en guife de Thé,
& au bout de quatre ou cinq jours il en fut dé-
livré.

Un Jardinier de Bretagne avoit un enfant,
qui depuis quelque temps étoit enflé de la tête
aux pieds, il n'eut recours, pour le tirer de ce
pitoyable état, qu'à un morceau de bois de
Caffis d'environ fept à huit pouces de long,
qu'il grata négligemment, & qu'il mit bouillir dans deux pintes d'eau, dont il fit boire
pendant quelques jours à fon enfant de cette
efpece de Tifane, qui le guérit parfaitement &
en peu de temps ; d'autres s'en étoient fervi
avant lui.

Un Gentilhomme de Poïtou a affuté que les
Payfans dans fon Pays fe fervent de l'écorce
verte du Caffis, pour guérir leurs Beftiaux en-
flés par quelque venin ; ils prennent fur une
branche de Caffis dont ils ont levé l'écorce,
la pellicule verte qui fuit, font une incifion à
la peau d'un Bœuf, Vache ou Cheval fur le
dos, d'environ un pouce de long, & mettent
entre cuir & chair un peu de cette pellicule
qu'ils affujettiffent avec un linge en forme de
compreffe. Ce Topique attire tout le venin,
& forme un gros abcès qui s'écoule par l'incifion, de forte qu'en fix heures l'animal eft
guéri.

Une femme de la même Ville a été incom-
modée pendant environ trois années d'une
Hydropifie qui lui tenoit le ventre extrême-
ment gros : ayant inutilement fait toutes fortes de remedes, je lui confeillai de faire ufage
des feüilles de Caffis en façon de Thé : elle en
prit tous les jours près de deux mois ; au bout
de ce temps là elle vuida beaucoup d'eaux, &

elle joüit à préfent d'une parfaite fanté.

On pourroit encore rapporter une infinité d'exemples qui ne font pas moins vrais que ceux ci-deffus ; mais on les paffe fous filence, dans la crainte d'ennuyer le Lecteur ; on affure que la racine de cet Arbufte a encore des propriétés particulieres.

On a témoigné tant d'empreffement de fçavoir ce que contenoit un petit Traité imprimé à Bordeaux fur les vertus du Caffis, lequel eft devenu fi rare, qu'on le chercheroit inutilement à Bordeaux dans le Commerce de la Librairie : mais M. Favre ayant bien voulu, pour l'intérêt public, écrire de Paris où il demeure, à M. de la Bruë, Confeiller au Parlement de Bordeaux, pour le prier d'en chercher un Exemplaire. M. de la Bruë en a heureufement trouvé un dans fa Bibliotheque, & en a généreufement fait préfent à M. Favre qui en a envoyé une copie. Il porte pour titre : *Les propriétés admirables du Caffis.* (*Groffularia femine Nigro*,) qui a la vertu de guérir toutes fortes de maux, avec un remede fur la fin pour guérir la Pleuréfie ou fauffe Pleuréfie. A Bordeaux, chez P. Albefpy, Imprimeur & Libraire, ruë Cadaviac, près Saint André, 1712. dont il eft fait mention ci-deffus. Si le Caffis a véritablement toutes les vertus qu'on lui attribue dans cette Brochure, & qui paroiffent toutes confirmées par l'expérience, on pourra dire avec raifon, *Felices populi quorum nafcetur in hortis.*

Extrait du Journal de Trévoux, du mois de Mars 1746.

Un Payfan des environs de Donzy en Nivernois, a trouvé le fecret de guérir les Va-

ches malades, par la recette suivante, & sur
les observations qu'il a faites. Il a remarqué
que la maladie de ces Animaux étoit une espe-
ce de petite Vérole interne, qui faisoit qu'en
certains endroits de leur corps, la peau restoit
fortement collée sur leurs chairs : lorsqu'il a
reconnu l'endroit où la peau de l'Animal est
ainsi collée, il presse fort cet endroit, & à
force de le presser, il en détache la peau, qui
se levé ensuite comme dans le reste du corps.
Après cela, il fend de la longueur de trois
doigts cette peau détachée, & met entre cette
peau & la chair des morceaux de la seconde
écorce du bois de Cassis ; il rebaisse la peau ,
& couvre l'incision d'un linge qu'il assûre par
une bande. Il a remarqué qu'à l'endroit malade
la chair est livide, molle & pleine de petits
boutons. Il y a apparence que le Cassis, en
mettant ces chairs en suppuration, fait sortir
l'humeur morbifique par l'issuë qu'on lui a donnée ; & dans ce cas on doit entretenir la playe
ouverte, jusqu'à ce que les chairs soient reve-
nues dans leur état naturel. De six cens Va-
ches malades que ce Paysan a traitées, il n'en
est mort qu'une.

Remede contre la Pleurésie ou fausse Pleurésie.

Il faut prendre deux ou trois bonnes racines
de Scorsonnerre avec la feüille, si ce n'est pas
dans l'Eté, nettoyer bien la racine, & la couper en fort petits morceaux.

Mais comme les Pauvres trouvent difficile-
ment la Scorsonnerre, on peut se servir efficacement, pour le même mal, du Cerfeüil & du
Pissenlit ou dent de Chien, prenant une poignée de l'un & de l'autre, & après les avoir

pillés, y ajoûter un bon verre de vin blanc ; enſuite couler le tout dans un linge, preſſer un peu le marc, & faire avaler cette infuſion à jeun au Malade, lequel obſervera le même régime que ci-deſſus, ſe tenant couvert ſans prendre l'air pendant deux heures, durant leſquelles il ſuera ; on l'eſſuyera enſuite, & on lui donnera un bouillon ; s'il n'eſt pas entierement guéri, on réiterera le lendemain la même boiſſon, ayant commencé, s'il ſe peut, par une ſaignée qui doit précéder le remede. Le même remede eſt excellent pour toutes ſortes de Fiévres tierces & quartes, ou bien ayez ſix germes d'œufs frais bien délayés avec trois cuillerées d'eau roſe, & autant de chardon benit, & le faites prendre au Malade ſans ſaignées, & quand il aura bien ſué, eſſuyez-le, & lui faites prendre un bon bouillon.

Remede pour les Panaris.

Il faut prendre de la Pariétaire, en couper les feüilles le plus menu qu'il eſt poſſible, les mêler avec une quantité proportionnée de Saindoux ; on envelopera le tout de pluſieurs papiers les uns ſur les autres, & on les mettra dans de la cendre chaude, qui, ſans être aſſez brûlante pour griller le papier, ait cependant la chaleur ſuffiſante pour cuire doucement la Pariétaire, & la bien incorporer avec le Saindoux ; l'on étendra cet Onguent ſur du papier broüillard, dont on envelopera la partie malade ; l'on le renouvellera au moins deux fois par jour. Il faut avoir ſoin de mettre une épaiſſeur ſuffiſante d'Onguent, afin qu'il ait un effet plus prompt.

Fin du Traité du Caſſis.

✿✿✿✿✿✿✿✿✿✿✿✿✿✿✿✿✿✿✿✿✿✿

TRAITÉ

DE L'EAU DE GAUDRON;

CONTENANT SES VERTUS & propriétés, & la maniere de la faire & de la prendre, tirées d'un Livre nouvellement publié en Langue Angloise.

PRENEZ une pinte de Gaudron ou Poix liquide, mettez-la dans un vase ou cruche sur lequel on versera quatre pintes d'eau froide, puis bien remuer le tout ensemble avec une cuilliere de bois, ou un morceau de bois plat pendant l'espace de trois ou quatre minutes, après quoi on laissera reposer ledit vase ou cruche quarante-huit heures, afin que ladite eau de Gaudron, ou de Poix liquide, puisse avoir le temps de se reposer, & ensuite étant claire, vous la passerez dans un linge, pour en ôter l'huile avant de la verser dans des bouteilles propres pour s'en servir ; vous en prendrez un demi-septier le soir & le matin à jeun, & deux heures devant & après avoir mangé. Cette eau est bonne pendant la petite Vérole, soit comme préservative contre elle. Elle réussit contre toute espérance dans une lente & douloureuse alcération des intestins, dans une toux consomptive, dans une Ulcere dans les reins, dans une Pluréfie & dans les Eréfipeles. Il n'y a rien de meilleur pour l'estomac ; elle guérit les in-

digeſtions, & donne un bon apetit. Elle eſt un
excellent remede dans un Aſme. Elle eſt fort
bonne contre la Pierre & Rétention d'urine,
& d'un grand ſervice dans l'Hydropiſie. Cette
Eau eſt un admirable fébrifuge ; cette Eau eſt
un des plus ſûrs & effectueux remedes qu'on
puiſſe prendre pour netroyer & purifier le ſang ;
elle eſt bonne à fortifier les Nerfs, & un remede efficace dans les Aſmes, douleurs né-
frétiques, Colliques & obſtructions ; bien loin
de bleſſer les Nerfs, comme les Cordiaux com-
muns font, elle eſt efficacement bonne & néceſſaire dans les Crampes, Paraliſies, foibleſ-
ſes de Nerfs ; c'eſt une excellente Ptyſanne
propre à tout âge & ſaiſon, & d'un ſingulier
uſage & bonté pour des perſonnes affligées de
la Goutte : elle eſt excellente dans les Pluré-
ſies, & bonne contre le Flux-de-ſang : elle ne
contraint point à un régime de vivre ; l'on peut
étudier, s'exercer ou ſe repoſer, paſſer ſon
temps dehors ou dedans, & prendre de bonne
nourriture, de telle façon & maniere qu'on
veut.

Remede infaillible contre la Fiévre.

Il faut prendre une once de bon Quinquinat,
un gros de Sel Armoniac, bien pulvériſés l'un
& l'autte, les délayer dans une ſuffiſante quantité de Syrop d'Abſinthe pour le mettre en
Opiatte. Il faut partager le tout en trois parties égales, pour prendre pendant trois jours
conſécutifs, de ſorte que chaque jour l'on prendra la troiſiéme partie du remede en trois temps
différens ; enſorte que ſi l'on prend le premier
bol à cinq heures du matin, il faudra prendre
un bouillon de veau à ſix ; à ſept le bol, à huit
un bouillon ; à neuf le bol, à dix un bouillon,

ou bien dîner, de forte que le remede & les bouillons doivent fucceder d'heure en heure; mais il faut remarquer qu'on ne doit jamais donner le remede dans la Fiévre.

Pour les Cors des pieds.

Prenez de la Poix graffe de Bourgogne; mêlez-la avec de la cendre de Tabac que l'on trouve dans la pipe, faites-en un emplâtre, & mettez-le fur le cor.

Autre plus facile & expérimenté.

Prenez des feüilles de Lierre Terreftre, faites-les tremper pendant vingt-quatre heures dans le plus fort vinaigre, appliquez-les fur le cor après l'avoir un peu coupé; il l'enlevera infailliblement.

Excellente Eau contre le mal des yeux.

Prenez pour un fol de Vitriol blanc, faites-le fondre fur une pelle-à-feu chaude, puis le mettrez dans une chopine d'eau de fontaine; & dans un autre vafe, vous y mettrez pour un fol d'Iris de Florence; vous battrez le tout dans ces deux différens vafes, à peu près comme l'eau panée, puis vous mettrez ladite Eau dans une bouteille bien bouchée, & vous vous en froterez tous les matins les yeux.

Excellent remede pour les Brûlures.

Prenez Miel, une demie livre.
Un demi-feptier de bon vin rouge.
Quatre jaunes d'œufs.
Faites bouillir le tout enfemble jufqu'à confiftance, & appliquez fur la partie brûlée; cela

guérit fans qu'il y paroiffe aucune cicatrice,
& promptement.

Pour la Rétention d'Urine.

Prenez une once de femences de Perfil, &
faites-la infufer dans une pinte de vin blanc,
& en prenez un verre foir & matin ; il n'eft
point de Rétention qui tienne contre la force
de ce remede.

Pour la Gravelle.

Prenez plein un chapeau de Grate-cul, con-
caffez-les bien, puis faites-les infufer dans un
pot de bon vin blanc, le tout dans un endroit
chaud, trois ou quatre jours, & qu'il foit bien
bouché, après quoi vous prendrez cette infufion, & la mettrez dans l'alembic avec une
chopine d'eau-de-vie qui aura fervi à rinfer le
pot dans lequel l'infufion eft, & faites diftiller
le tout au bainmary, au feu de fable, & plus
on le précipitera, meilleur fera-ce ; il faut en
prendre deux cuillerées dans le meilleur vin,
qui fera un verre, fur-tout du blanc de Cham-
pagne, felon la néceffité ; on peut en prendre
deux verre par jour.

Pour ôter le goût de moifi ou de douve au Vin.

Vous prendrez du bois de Caffis que vous
fendrez comme des allumettes, vous en ferez
cinq ou fix petits paquets, que vous mettrez
enfuite dans le tonneau par le bondon attachés
avec du fil, pour les retirer après deux fois
vingt-quatre heures ; il faut enfuite traverfer
le Vin, à moins qu'on ne voulût le boire incontinent.

F I N.